La Margarine

et les Simili-Beurres

PARIS

ALCIDE PICARD ET KAAN, ÉDITEURS

11, RUE SOUFFLOT, 11

LA MARGARINE

ET LES

SIMILI-BEURRES

PAR

le Général CLUSERET

DÉPUTÉ DU VAR

PARIS

IMPRIMERIE ALCIDE PICARD ET KAAN

11, RUE SOUFFLOT, 11

—

LA MARGARINE

ET LES

SIMILI-BEURRES

———)(———

Nous savons tous, que l'exécrable salle de nos séances, aussi pernicieuse à notre santé que rebelle à l'acoustique, ne permet pas à la voix de l'orateur de dépasser quelques bancs, les plus rapprochés de la tribune.

Il en résulte qu'on entend par intermittence et qu'on est dans l'impossibilité : 1° de classer méthodiquement dans son cerveau ce qu'on a entendu; 2° de le vérifier.

Tout se résume à la puissance d'affirmation.

De preuve, de contrôle, nulle trace. On vote et c'est tout.

J'ai pensé qu'il était plus pratique et plus loyal de mettre sous les yeux de mes collègues ce que j'ai à dire et à temps suffisant pour leur permettre, en consultant leurs électeurs, de contrôler mon dire.

C'est la lumière et la vérité que je veux, non la surprise. Voici donc la conclusion à laquelle près de six années d'enquête, de travail assidu, de révélations faites de tous les points de la France m'ont amené.

Je ne veux parler que de l'article 1er de la loi sur la répression des fraudes commises dans la vente des beurres. Car si cet article est adopté, le reste ne souffre même pas la discussion. S'il ne l'est pas, nous sommes forcés d'abandonner la loi.

Avant tout, il convient de bien se rendre compte de l'importance extrême du sujet. Après le blé, l'herbager de France est le second facteur de la richesse nationale. Sa production est d'un milliard et demi, tandis que celle de tous les vignobles de France réunis n'atteint pas un milliard. J'ajoute que l'herbager est l'élément essentiel de toute l'agriculture nationale, car sans lui pas d'élevage, sans élevage pas d'engrais et sans engrais pas de culture.

Toute notre loi se résume à ceci : il est interdit de mêler le lait, la crème, ou le beurre à la margarine pour la transformer en simili-beurre ou instrument de fraude.

C'est cette solution que votre commission, par 7 voix contre 4, a voté.

Que représentent ces 7 voix? Tous les herbagers de France, sauf un seul, l'herbager de Flandre.

Pourquoi? Parce que ses intérêts sont diamétralement opposés à ceux des autres herbagers. Lui seul n'a pas de marché en France. Vous ne trouverez pas un kilo de beurre de Flandre sous les Halles centrales. Tous les beurres de Flandre passent à la margarine et franchissent la frontière belge. Il n'est donc pas étonnant que leur représentant ne réclame pas la mort de son unique client (1).

---

(1). Extrait du compte rendu de l'enquête parlementaire à la Chambre des Communes.

Les margariniers français n'ont cessé d'affirmer qu'ils travaillaient exclusivement pour l'exportation. Cependant les rapports officiels constatent que l'exportation restait grandement au-dessous de la production. Que devenait la différence, si elle n'était pas exportée?

Le gouvernement français envoya des délégués en Hollande avec mission de faire un rapport sur la question de la margarine, et les délégués furent très fort influencés en sa faveur. Et l'un des adversaires les plus acharnés de la margarine prit aussi le même chemin.

Le témoin se trompe. Le gouvernement français n'a rien envoyé du tout. Trois membres de la Commission lui demandèrent d'aller faire un voyage en Hollande et de lui faire un rapport sur la margarine. La Commission ayant accepté, le Président leur délivra une lettre pour le ministre des Affaires étrangères qui leur donna accès à la légation.

Ces messieurs revinrent enthousiasmés de la margarine.

Il leur était arrivé ce qui leur arriva en France, chez Pellerin et consorts. Ils virent ce qu'on voulut leur faire voir.

Le Président. — Pour quels motifs?

Témoin. — Ah! je n'en sais rien.

M. Kerrby. — Quoi, devint-il un converti à la valeur de la margarine?

Témoin. — Non. Seulement il l'a défendue comme un article de commerce, bien que nombre de ses électeurs lui aient enjoint de voter contre la margarine. Le gouvernement a interdit la margarine dans les hôpitaux, comme contraire à l'hygiène. Le Conseil supérieur d'hygiène de Paris en a défendu l'usage dans les hôpitaux.

M. Kilbride. — Parce qu'elle était contraire à la santé?

Témoin. — Justement.

Et ce qui prouve que la majorité n'a fait que se conformer au vœu général. Ce sont les 60 000 pétitions venues de tous les points de la France pour réclamer unanimement l'interdiction des simili-beurres, c'est-à-dire du mélange du lait, de la crème ou du beurre avec la margarine.

Par quelle succession d'idées, d'expériences et d'enquêtes sommes-nous arrivés à cette conclusion : impossibilité matérielle de réprimer la fraude sans la définir?

Vous savez tous, messieurs, que depuis cinq ans votre Commission s'est livrée à toute espèce non seulement d'enquêtes sur la situation commerciale, mais d'expériences pratiques sur la possibilité de saisir scientifiquement les parquets d'une preuve matérielle de la fraude. Sur ce dernier point, l'échec est indiscutable. On ne peut arriver pratiquement à révéler moins de 10 à 12 0/0 de margarine dans le beurre. Et encore quand je dis pratiquement!

Il faut un chimiste comme Müntz et un laboratoire comme le sien. Cela n'est guère pratique au point de vue de la répression, qui doit être instantanée ou de nul effet.

Votre Commission peut donc se dire suffisamment renseignée puisqu'elle a entendu margariniers, marchands de beurre, cultivateurs, conseillers généraux, savants, facteurs et commissionnaires.

Personnellement, j'ai reçu de tous les points de la France les confidences, les révélations, les plaintes des intéressés.

Au milieu de toutes ces enquêtes, de toutes ces dépositions contradictoires, une chose nous avait frappé, l'antagonisme du seul fabricant de simili-beurre d'alors, M. Pellerin, avec les margariniers, représentés par le plus important d'entre eux, M. Marix. Celui-ci n'hésitait pas à nous déclarer que ses intérêts étaient identiques aux nôtres et que les simili-beurres feraient autant de tort à la margarine qu'aux beurres. Je fus même obligé, comme président de la Commission, de mettre fin à une altercation trop vive qui se produisit à ce sujet entre MM. Pellerin et Marix.

M. Marix avait conclu sa déposition par cette déclaration : « Si vous voulez réprimer la fraude, messieurs, il faut la définir. » Et il nous donna la définition qui fait aujourd'hui l'objet de l'article 1er de notre loi.

Il se déclarait très satisfait, et ses confrères avec lui, qu'on laissât à la margarine, telle qu'il la fabriquait pour l'exportation, sa liberté d'action.

Ce qu'il réclamait, c'était la suppression de la concurrence déloyale de l'instrument de fraude, le simili-beurre.

Donc, la margarine que nous définissons comme la définissaient eux-mêmes les margariniers de l'époque, avait son écoulement. C'est ce que la loi offre à ces derniers aujourd'hui, qu'ils réclamaient alors. D'où vient qu'ils ne s'en contentent plus et réclament ce qu'ils combattaient alors ?

Ils ne nous l'ont pas caché, pas plus que le Syndicat des Marchands de beurre.

« Défendez-nous, disaient-ils, contre les fraudeurs, ou, placés entre la fraude et la faillite, nous préfèrerons la première à la seconde. »

La Chambre ne les a pas défendus et tous aujourd'hui sont fraudeurs par les simili-beurres.

Marix comme Pellerin ne fabriquent plus de margarine mais du simili-beurre.

Et quand le représentant des beurres de Flandre vient nous dire : « Mais votre définition ne correspond pas à la réalité du marché. »

Je lui réponds depuis quand et grâce à qui ?

Il n'est jamais trop tard pour bien faire, la fraude que la longanimité parlementaire a malheureusement tolérée, je ne veux pas dire encouragée, doit disparaître sous son énergique action.

Malheureusement, les fabricants de simili-beurre sont tous archi-millionnaires, et la cavalerie de Saint-Georges ne charge pas qu'en Angleterre.

Écoutez ce qu'on en dit dans l'Enquête parlementaire actuellement poursuivie au Parlement anglais.

« LE PRÉSIDENT (chairman). Il y a eu, de la part du Gouvernement français, un manque considérable d'énergie dans la répression de la fraude par la margarine. Le seul motif qu'il en puisse donner est que l'argent sortait des poches anglaises au profit de la France.

Cette inertie est-elle due exclusivement au fait que le Gouvernement français se refuse à interférer avec le bon marché de l'alimentation du peuple français? (le fameux beurre des pauvres).

R. H. HATTER. — Non. Je crois que les margariniers sont tellement puissants que le gouvernement recule devant eux.

M. CHANNING. — On dit que d'un bout à l'autre de Paris il est impossible de se procurer une livre de beurre pur au détail. »

*
* *

La margarine telle que nous vous la définissons : graisse de bœuf mêlée à n'importe quel autre corps gras autre que le lait, la crème, ou le beurre, est-elle inoffensive au point de vue de la fraude et pouvons-nous la laisser en liberté ?

C'est mon opinion.

En effet, en quoi consiste la fraude ?

A produire un corps similaire, ressemblant au beurre et destiné à tromper le consommateur sur la qualité de la marchandise vendue.

Le simili-beurre est dans ce cas et je mets au défi qui que ce soit de lui trouver une autre fonction que la fraude.

Il en est tout autrement de la margarine, qui ne saurait être prise pour du beurre. Sa couleur, sa contexture ne ressemblent en rien au beurre.

J'ajoute que pour la malaxer au beurre il faut de puissantes machines, faisant 7 000 tours à la minute, du bruit, de la fumée, coûtant cher et par suite hors de portée du cultivateur et même du trafiquant ordinaire.

Et c'est justement pour remédier à cet inconvénient que le fraudeur a inventé le simili-beurre qui consiste à malaxer, à l'usine même, le beurre avec la margarine de manière à rendre celle-ci parfaitement malaxable soit à la main, soit avec des barattes spéciales à la portée de tous.

La margarine ordinaire, malaxée avec ces procédés, offre des marbrures et des granulations qui décèlent immédiatement la fraude.

Celle-ci est devenue telle que le Parlement d'Angleterre, tout comme nous, est obligé de s'en occuper, il conclura probablement comme nous vous proposons de le faire.

Son action a été mise en mouvement par une pétition de tous les négociants en beurre de Londres où je lis ce passage : « Le fait qu'un système de fraude largement répandu prévaut est démontré par ce fait que l'association (association de tous les négociants en beurre pour la répression de la fraude), a relevé dans ces quatre dernières semaines 57 offenses contre l'*act* dans un espace de Londres très restreint, et que des poursuites dûment légalisées sont commencées. La vente des *mixtures* frauduleuses (simili-beurre) comme beurre, nuit gravement aux intérêts herbagers (ou laitiers) *et nous demandons que le mélange du beurre à la margarine soit absolument interdit et constitue une offense légale.* »

Je relève dans le journal *The Grocer* du 28 mars, le compte rendu de l'enquête faite par la Commission parlementaire.

C'est M. John Lovell qui est interrogé. M. John Lovell est le plus fort commissionnaire en beurre de Londres. Il pratique depuis 40 ans. Il représente les plus fortes maisons de France, Bretel frères, Lepelletier, etc...

Et voici ce qu'il dit :

« M. KEARLEY, membre du Parlement. — Dois-je comprendre nettement qu'alors que vous ne vous opposez pas à la libre vente de la margarine, vous regardez comme absolument illégal pour les margariniers de mélanger le beurre à la margarine ?

LOVELL. — Absolument.

KEARLEY. — C'est ce que vous appelez *mixture* (en français simili-beurre.)

LOVELL. — On les appelle ainsi.

KEARLEY. — Vous ne vous opposez pas seulement aux « mixtures » par les fabricants, mais aussi par les détaillants et les marchands en gros ?

Lovell. — Je m'oppose à toute mixture. C'est ma ferme conviction.

Kearley. — Ainsi, ce serait offenser la loi que mêler le beurre à la margarine ?

Lovell. — Oui. Plus loin : Je m'oppose absolument au principe de « mixture » — simili-beurre. C'est là d'où vient la fraude et le grand dommage causé au commerce du beurre.

Kearley. — Dites-vous que le mélange est fait par les margariniers en prévision de la fraude ?

Lovell. — Il est fait ouvertement.

Kearley. — Mais d'où vient la nécessité de faire ces mixtures ? Est-ce que la margarine ordinaire ne suffirait pas ?

Lovell. — Il est nécessaire de préparer un produit d'une autre texture, parce que la margarine ne se prête pas à l'amalgamation. Il entend dire que les fabricants de margarine préparent une qualité spéciale de margarine pour ceux qui fraudent eux-mêmes dans la campagne. C'est une préparation spéciale faite par ceux qui possèdent des machines pour faciliter à ceux qui n'en ont pas de mélanger la margarine avec le beurre.

La margarine, ainsi que le simili-beurre, sont achetés par des trafiquants qui ne vendent pas du tout de margarine; mais ils la remettent directement à leurs clients, rendant ainsi excessivement difficile l'action du détective. Celui-ci ne peut pas arrêter la voiture du trafiquant qui porte de la margarine à un domicile privé, ou mettre en arrestation les gens qui en portent dans des paniers. C'est une des plus fortes raisons pour interdire le mélange de la margarine au beurre. »

Le beurre des pauvres.

Peu enclin aux déclamations et à tout ce verbiage parlementaire ou de presse, qui consiste à imposer à l'opinion des clichés qui rapportent, mais ne sauraient se soutenir, j'ai agi.

J'ai fait venir de Rennes du beurre absolument pur, il me coûte 1 fr. 35. Le beurre margariné de la fruitière coûte 1 fr. 60.

Immédiatement les voisins du quartier, petites gens, j'habite au coin de la rue de la Tombe-Issoire, quartier de pauvres, m'ont prié de leur en céder, le boulanger qui pâtisse le dimanche a remisé sa margarine et fait ses brioches au beurre pur.

Tout le monde est enchanté. Et si je voulais me mettre marchand de beurre pur, j'aurais une forte clientèle.

Le peuple n'entend nullement reconnaître l'infériorité de son estomac sur celui de son député. Il n'aime le beurre du pauvre que parce qu'on le vole et le trompe en lui vendant pour beurre ce qui n'en est pas. Il comprend parfaitement que son estomac, travaillant plus, a, plus que celui de tout autre, besoin d'alimentation saine, pure et fortifiante. Ce qu'il ne comprend pas, c'est que ce soit son député, se disant ouvrier, qui défend son empoisonnement.

La vérité, c'est que si le peuple savait ce qu'on lui vend, il n'en voudrait pas.

Et que lui vend-on ?

Sans reprendre les révélations du *Petit Journal*, subitement interrompues. — *Pourquoi ???* — sur la provenance des graisses servant à fabriquer la margarine, je me rappelle parfaitement la déposition d'un courtier en graisse de margarine, faite devant la Commission et par elle enregistrée :
« Messieurs, je livre en juillet et août des graisses marchant toutes seules. »

En effet, personne ne contrôlant, pourquoi se gêner ?

Graisse mobile, graisse de bêtes abattues, qu'importe, pourvu que ça rapporte ?

Et cela nous mène à la question d'hygiène.

Pourquoi, si le produit est hygiénique, le Conseil supérieur d'hygiène en interdit-il l'entrée dans les hôpitaux ?

Parce que, même faite avec les meilleures graisses, la margarine ne s'assimile pas par la digestion comme le beurre.

Voilà donc un produit ni hygiénique, ni économique, qui ruine la production légitime de nos paysans de France et l'estomac de ses travailleurs, le tout pour millionnariser 23 personnes. Les margariniers ne sont pas plus.

Il y a là un nouveau Panama.

Je ne veux pas laisser dans l'ombre un autre côté de la question, si secondaire soit-il, je veux parler du cinquième quartier.

On entend par cinquième quartier, en langage d'éleveur ou de boucher, ce qui, dans le bœuf, n'est ni viande, ni peau, ni corne, ni os, la graisse.

Avant l'apparition de la margarine, les suifs étaient cotés à la Bourse 132 fr. les 100 kilos; ils sont aujourd'hui à 52 fr.

Voilà le service rendu au cinquième quartier par la margarine.

Et cela est logique. Du moment que la margarine offrait un nouveau débouché aux graisses, tous les suifs américains, ceux de La Plata en tête, ont afflué.

De là la débâcle des suifs français. Mais aussi danger hygiénique. Ces graisses, qui les contrôle?

Bêtes aphteuses, morveuses, tuberculeuses, charbonneuses, tout est bon puisque personne ne contrôle. Pour qui connaît l'âpreté de l'Américain au gain, croire qu'il va perdre un dollar pour épargner l'existence de ses semblables est pure naïveté.

Voilà de quoi se fait le beurre des pauvres, ce produit hygiénique si vanté par ceux que les ouvriers envoient à la Chambre pour défendre leurs intérêts et dont ils ne voudraient pas pour eux-mêmes.

*
* *

Après cinq années d'études, d'enquête, d'expériences et de recherches de toute sorte ; devant l'impossibilité d'opposer la science à la fraude; convaincue comme les Anglais, comme l'étaient les margariniers eux-mêmes, il y a cinq ans, que si l'on veut réprimer la fraude, il faut d'abord la définir et non commencer par la tolérer pour la réprimer ensuite;

convaincue que l'existence des simili-beurres est incompatible avec l'existence du beurre ; convaincue qu'en dehors de la suppression des simili-beurres il n'y a d'autre moyen de répression que l'exercice chez le paysan, moyen odieux, qui tuerait plus sûrement encore la République que les 45 centimes de 48, votre Commission, représentant tous les herbagers de France, s'est prononcée, par 7 voix contre 4, pour l'interdiction du mélange du lait, de la crème ou du beurre à la margarine. Son président espère que le contact avec vos électeurs vous mettra à même de vous prononcer en toute connaissance de cause.

Toutes les fraudes, celle des vins, comme celle des huiles et celle des beurres sont solidaires. C'est notre devoir de n'en permettre aucune.

G. CLUSERET.

Paris. — Imprimerie A. Picard et Kaan, 102, rue de Tolbiac